MÉMOIRE

SUR LES LIGNES

DU SECOND ORDRE.

IMPRIMERIE DE FAIN,

RUE DE RACINE, N°. 4, PLACE DE L'ODÉON.

MÉMOIRE

SUR LES LIGNES

DU SECOND ORDRE;

FAISANT SUITE AUX RECHERCHES PUBLIÉES DANS LES JOURNAUX DE L'ÉCOLE ROYALE POLYTECHNIQUE.

PAR C.-J. BRIANCHON,

Capitaine d'Artillerie, ancien élève de l'École Polytechnique

A PARIS,

CHEZ BACHELIER, LIBRAIRE,

QUAI DES AUGUSTINS, N°. 55.

1817.

MÉMOIRE

SUR

LES LIGNES DU SECOND ORDRE.

UNE *ligne du second ordre* est la section faite par un plan dans une surface conique à base circulaire; de là vient que ces lignes prennent ordinairement le nom de *sections coniques*, ou simplement de *coniques*.

La droite que déterminent les deux points de contact de deux tangentes quelconques d'une conique, est appelée, par abréviation, *corde de contact*.

Le *pôle* d'une droite, tracée à volonté dans le plan d'une conique, est le point fixe autour duquel tournent toutes les cordes de contact des paires de tangentes issues des différens points de la droite. — Cette droite, elle-même, est dite la *polaire* du point fixe. — On sait construire la polaire lorsque le pôle est connu, et le pôle lorsque la polaire est connue, en n'employant que la règle seulement.

Un *problème linéaire*, ou *problème de la règle*, est celui dont la résolution graphique s'effectue avec la ligne droite seule.

La *Géométrie de la règle* a pour objet les propriétés de situation des systèmes de lignes droites.

Nous emploierons le mot de *projection* dans le même sens que celui de *perspective*. Dans tous les cas, le tableau, ou la surface de projection, est un plan. — Ainsi une conique est la projection d'un cercle.

Ayant un nombre quelconque de points rangés comme on voudra sur un plan, si l'on joint par des droites le premier au deuxième, le deuxième au troisième,..... le dernier au premier, on formera une figure fermée à laquelle on est convenu de donner le nom de *polygone*.

Dans la description des systèmes de lignes, et dans l'exposition de leurs propriétés, nous aurons constamment en vue le principe de la corrélation des figures. Ce principe lumineux est savamment développé par l'illustre auteur de la Géométrie de position.

La *proportion harmonique* règne entre trois quantités, lorsque la première moins la deuxième, est à la deuxième moins la troisième, comme la première est à la troisième. — La théorie des lignes harmoniques est intimement liée à celle de la géométrie de la règle.

Dans la vue d'abréger le discours et de mieux faire sentir l'enchaînement des conséquences, nous avons, dans les figures corrélatives, conservé les mêmes notations. Au moyen de cette analogie, les constructions se démontrent l'une par l'autre.

On remarquera dans les planches quelques lettres renversées. Elles désignent le point d'intersection de deux lignes qui, de concourantes et distinctes qu'elles étaient dans le système primitif, sont devenues, ou parallèles ou asymptotes, ou même coïncidentes, par suite des modifications de ce système.

I.

Trois droites fixes, issues d'un même point S, sous des angles quelconques, étant coupées en A, B, C par une droite transversale arbitraire, on a

$$\frac{AC}{AS} : \frac{BC}{BS} = \text{constante.}$$

II.

Ainsi, pour quatre droites fixes, issues d'un même point, sous des angles quelconques, et rencontrées en A, B, C, D par une droite transversale arbitraire,

$$\frac{AC}{AD} : \frac{BC}{BD} = \text{constante.}$$

III.

Si donc on a, sur un même alignement, quatre points A, B, C, D, tels, que les distances de l'un deux, D, aux trois autres, forment une proportion harmonique

$$\frac{AD-CD}{AD}=\frac{CD-BD}{BD},$$

ou

$$\frac{AC}{AD}=\frac{BC}{BD},$$

le même rapport subsistera pour toutes les projections de la figure. (Théorème connu. *Voyez* l'ouvrage de Grégoire de Saint-Vincent, *Opus geometricum*, édit. de 1647, pag. 6, propos. 10.)

IV.

Une droite est *divisée harmoniquement* par deux points, lorsque ceux-ci la partagent en segmens proportionnels.

De ces deux points de division, l'un est sur la droite même, l'autre sur le prolongement.

V.

Si une droite AB est divisée harmoniquement par deux points C, D, la droite CD sera aussi divisée harmoniquement par les deux points A, B*; (IV).

VI.

Chacune des trois diagonales d'un quadrilatère complet est coupée harmoniquement par les deux autres. (*Géom. de pos.*, n. 225.)

VII.

Ayant donc, sur une droite, trois points A, B, C, on peut, *avec la règle seule*, trouver, sur la même direction, le quatrième harmonique D.

La condition étant, par exemple,

$$\frac{AC}{AD} = \frac{BC}{BD},$$

faites, à volonté, un quadrilatère dont une des

---

* A, B, C, D sont *quatres points harmoniques*.

Si d'un point quelconque de l'espace on mène des droites qui passent respectivement par A, B, C, D, ce système de quatre lignes convergentes sera un *faisceau harmonique*.

Nous proposons ces définitions comme un moyen d'abréger ce que nous aurons à dire sur la géométrie de la règle.

Le théorème III peut se traduire ainsi :

« Toute droite transversale, menée dans le plan d'un » faisceau harmonique, donne, par ses intersections, » quatre points harmoniques. »

diagonales tende vers C, et dont les côtés opposés concourent en A, B, respectivement ; la deuxième diagonale déterminera le point cherché D (VI). Propriétés connues. (De la Hire, *Sectiones conicæ*, édition de 1685, pag. 9, propos. 20.)

Les articles III, VI et VII sont des principes pour la *théorie des alignemens*.

VIII.

Un parallélogramme, avec ses deux diagonales, étant coupé par une droite quelconque ; soit AB, CD, EF, les portions de cette transversale comprises, entre les deux diagonales, et entre les deux couples de côtés opposés, respectivement ; la comparaison des triangles semblables donne

$$\frac{EA}{ED}=\frac{FA}{FC},$$

$$\frac{EB}{EC}=\frac{FB}{FD},$$

$$\frac{CA}{CF}=\frac{DA}{DE},$$

$$\frac{CB}{CE}=\frac{DB}{DF};$$

d'où l'on conclut :

$$\frac{EA \cdot EB}{EC \cdot ED} = \frac{FA \cdot FB}{FC \cdot FD},$$

$$\frac{CA \cdot CB}{CE \cdot CF} = \frac{DA \cdot DB}{DE \cdot DF}. \quad \Delta$$

Or, ces deux dernières relations ont lieu pour toutes les projections de la figure (II); donc, elles subsisteront encore si, au lieu d'un parallélogramme, on considère un quadrilatère quelconque coupé par une transversale arbitraire qui rencontre les deux diagonales, et les deux couples de côtés opposés, en A et B, C et D, E et F, respectivement.

Et, comme on n'a égard ici qu'à la direction des lignes, chacun des couples de côtés opposés peut représenter le système des diagonales d'un nouveau quadrilatère formé de l'autre couple et des deux premières diagonales. Donc

$$\frac{AC \cdot AD}{AE \cdot AF} = \frac{BC \cdot BD}{BE \cdot BF} \quad \Delta;$$

On tire de là

$$AD.CF \cdot EB = AF \cdot CB \cdot ED,$$

$$AC \cdot DE \cdot FB = AE \cdot DB \cdot FC,$$

$$CE \cdot FA \cdot BD = CA \cdot FD \cdot BE, \quad \Delta$$

$$EC \cdot BF \cdot DA = EA \cdot BC \cdot DF,$$

Ces sept équations Δ expriment les mêmes relations qui lient entre eux les douze segmens formés sur les côtés d'un quadrilatère-complet dont les trois diagonales sont AB, CD, EF ; elles ne sont, toutes, que des traductions différentes d'une même propriété.

IX.

Pour six points A, B, C, D, E, F, rangés en ligne droite, chacune des sept conditions Δ comporte les six autres ; c'est-à-dire que, si une seule d'entre elles est satisfaite, toutes le seront.

X.

Lorsque six points d'une droite sont liés entre eux par les relations Δ, leurs projections jouissent de la même proprieté (II, IX).

XI.

(*Fig.* 1.) Une droite étant menée à volonté dans le plan d'un quadrilatère UXYZU inscrit dans une conique ; soient AB, CD, EF les portions de cette transversale comprises entre les deux branches de la courbe, et entre les deux couples de côtés opposés, respectivement ; les six points A, B, C, D, E, F seront liés entre eux par les équations Δ.

En effet, puisqu'il suffit (X) d'établir la proposition pour une des perspectives de la figure, nous pouvons supposer que la courbe est un cercle, auquel cas il vient, en désignant par T le point de concours des deux côtés opposés XY, UZ qui sont coupés, respectivement, en E, F par la transversale arbitraire,

$$EA \cdot EB = EX \cdot EY,$$
$$FA \cdot FB = FU \cdot FZ,$$
$$TX \cdot TY = TU \cdot TZ;$$

Or, le triangle EFT, coupé par les deux droites UX, YZ, donne, par le principe des transversales *,

$$EC \cdot FU \cdot TX = EX \cdot FC \cdot TU,$$
$$ED \cdot FZ \cdot TY = EY \cdot FD \cdot TZ;$$

donc

$$\frac{EA \cdot EB}{EC \cdot ED} = \frac{FA \cdot FB}{FC \cdot FD},$$

---

* La théorie des transversales est un des plus beaux perfectionnemens de la géométrie moderne. Voici l'extension qu'elle a reçue :

« Si, ayant une surface courbe quelconque géométrique, on décrit dans l'espace un polygone quelconque plan ou gauche ABCDE, et qu'ayant prolongé ses côtés indéfiniment, on désigne par (A'B'), (B'A'), les produits des segmens interceptés sur AB, entre chacun des points A, B, respectivement, et les différentes régions de la surface courbe, par (B'C'), (C'B') les produits, etc., on aura

$$(A'B')(B'C')(C'D')(D'E')(E'A') = (B'A')(C'B')(D'C')(E'D')(A'E').$$

Géométrie de position, n°. 380.

Ainsi (IX), les sept équations Δ sont satisfaites. Donc, etc.

« Un quadrilatère quelconque étant inscrit dans » une conique quelconque; soit tracée, à volonté, » une droite indéfinie; la corde interceptée sur » cette transversale, entre les branches de la » courbe, sera coupée en deux segmens par cha» cun des côtés du quadrilatère, prolongés à dis» crétion : et si, dans le même ordre, on fait le » rapport des deux segmens qui répondent à cha-

---

Appliqué aux surfaces du premier et du second ordre, ce théorème fournit un très-beau principe à la géométrie élémentaire. Exemple :

« Si tous les côtés d'un polygone plan ou gauche, » prolongés indéfiniment, touchent une même surface » du second ordre; on a, sur chaque côté, deux seg» mens déterminés par le point de contact; et le pro» duit de tous ceux de ces segmens qui n'ont point d'ex» trémités communes est égal au produit de tous les » autres. »

« Dans tout quadrilatère gauche, circonscrit à une » surface du second ordre, les quatre points de contact » sont dans un même plan. »

On a déjà remarqué, à l'occasion des transversales, que le principe en était dû aux anciens, qui, en l'étendant à la sphère, en ont fait la base de toute leur trigonométrie; *voyez* : Ptolomée, *Almageste*; — Fr. Maurolycus, *Opuscula mathematica*, édition de 1575, pag. 281;

» que côté, le produit des rapports correspon-
» dans à deux côtés opposés égalera le produit
» des rapports correspondans aux deux autres
» côtés. »

Pascal nous a conservé un fragment de *Desargues* *, qui contient l'énoncé d'un théorème du genre de celui-ci.

Dans le cas particulier, où la section conique circonscrite est représentée par le système des

---

— SCHUBERT, *Nouveaux actes de Pétersbourg*, tome 12, année 1794, etc.

La doctrine des transversales a l'avantage de s'appliquer également aux polygones sphériques et aux polygones rectilignes : d'où la conformité qui règne entre les propriétés de situation de ces deux figures. Voici, au sujet de ce rapprochement, mis dans un grand jour par M. Carnot, une extension due au savant rédacteur des *Annales de mathématiques*.

« Concevons que le centre d'une surface conique
» quelconque, du second ordre, coïncide avec celui
» d'une sphère ; le système total des courbes à double
» courbure résultant de l'intersection des deux surfaces,
» jouira, par rapport aux arcs de grands cercles, des
» mêmes propriétés dont jouissent les lignes du second
» ordre par rapport aux lignes droites. » (Tome 4, page 84.)

* *Desargues* a fait imprimer, en 1639, un *Traité des sections-coniques*, qui ne subsiste plus.

deux diagonales du quadrilatère UXYZU, on retombe sur la proposition de l'article VIII.

De ce qui vient d'être exposé, nous pourrions conclure que, dans les courbes du second ordre, les cordes parallèles ont leurs points-milieux distribués sur une même droite appelée *diamètre*; viendraient ensuite les définitions et les propriétés des *centres*, des *diamètres-conjugués*, etc., mais nous supprimons ces détails.

XII.

(*Fig.* 1.) Un triangle quelconque, EFT, étant coupé en A, B, U, Z, Y, X, par une conique; soient D, I, H les points de concours des côtés opposés de l'hexagone inscrit ABUZYXA.

Vu que les transversales UX, YZ, UB, AX rencontrent les côtés de EFT, on a les quatre relations

$$EX \cdot FC \cdot TU = EC \cdot FU \cdot TX,$$
$$EY \cdot FD \cdot TZ = ED \cdot FZ \cdot TY,$$
$$EI \cdot FB \cdot TU = EB \cdot FU \cdot TI,$$
$$EX \cdot FA \cdot TH = EA \cdot FH \cdot TX;$$

Multipliant les deux premières, entre elles, et par

$$FA \cdot FB \cdot EC \cdot ED = EA \cdot EB \cdot FC \cdot FD,$$

(XI) il vient

$$EX \cdot EY \cdot FA \cdot FB \cdot TU \cdot TZ = EA \cdot EB \cdot FU \cdot FZ \cdot TX \cdot TY; \quad (\gamma)$$

Multipliant les trois dernières l'une par l'autre, et divisant par (γ), on trouve

$$\text{EI}\cdot\text{FD}\cdot\text{TH} = \text{ED}\cdot\text{FH}\cdot\text{TI} \quad (\varepsilon).$$

XIII.

(*Fig.* 1, 3, 4.) Cette relation (ε) nous apprend que les trois points D, I, H forment un seul alignement, en sorte que

« Dans tout hexagone (ABUZYXA) inscrit à
» une conique, les trois points de concours (D,
» I, H) des côtés opposés sont en ligne droite. »

C'est sur ce principe, dont l'invention est due à *Pascal*, que nous avons établi toute la théorie des *pôles**; (13e. cahier du Journal de l'École Polytechnique, 1806.)

---

* (*Fig.* 2.) Voici, pour parvenir à ce but, la première conséquence à tirer du théorème XIII : (A) « Soient deux triangles (*abc*, ABC) tels, qu'en joignant leurs sommets » deux à deux par des droites allant de l'un à l'autre, » ces trois droites de construction concourent en un » même point (S). Si on combine deux à deux, et dans » le même ordre, les côtés opposés aux sommets ainsi » appariés, et qu'on les prolonge suffisamment, les trois » points d'intersection résultans (P, Q, R) seront distri- » bués sur une même ligne droite. »

En effet, M, N étant les points de rencontre de *ab* et AC, *ac* et AB ; par hypothèse, l'hexagone M*b*BN*c*CM est tel

Le grand géomètre que nous venons de citer, avait, au rapport de *Leibnitz*, donné le nom d'*hexagrammum mysticum* à une certaine figure composée de six lignes droites, dont la propriété remarquable faisait le fonds d'un traité des sections-coniques. Nous pensons que cet hexagramme mystique n'est autre que l'*hexagone inscrit* dont nous venons de parler.

XIV.

(*Fig.* 1.) L'équation (γ) lie entre eux les douze segmens que la section-conique transversale détermine sur les trois côtés du triangle EFT. Ce théo-

---

que les points de concours (a, S, A) des côtés opposés sont tous trois en ligne droite; donc (XIII) l'hexagone MbcNBCM jouit de la même propriété; donc P, Q, R appartiennent à une même droite.

La corrélation de ces deux hexagones établit la proposition réciproque. Ainsi :

« Lorsque deux triangles sont tellement placés que,
» en combinant chacun des côtés du premier avec un
» de ceux du deuxième, pour avoir leur point de con-
» cours, ces trois points de construction se trouvent sur
» un même alignement. Si, par des droites, on joint
» deux à deux, et dans le même ordre, les sommets
» opposés aux côtés ainsi appariés, ces droites, au nom-
» bre de trois, se croiseront toutes en un même
» point. »

L'article VIII fournit une autre démonstration de ces

rème est un cas particulier de celui que nous avons rapporté à la note de l'article XI.

XV.

(*Fig.* 1, 5.) Concevons que les deux points X, Y se réunissent en un seul, et qu'il en soit de même de U et Z. Par cette hypothèse, C et D coïncident, et les sept relations Δ se réduisent à quatre; voici les deux premières:

$$\frac{EA \cdot EB}{\overline{EC}^2} = \frac{FA \cdot FB}{\overline{FC}^2},$$

$$\frac{\overline{AC}^2}{AE \cdot AF} = \frac{\overline{BC}^2}{BE \cdot BF}.$$

---

théorèmes. — Si d'un point, pris à volonté dans le plan d'un triangle quelconque, on mène des droites à tous les sommets, on aura, avec les trois côtés, un système de six droites qui pourra représenter un quadrilatère avec ses deux diagonales. Ce système détermine donc, sur une transversale arbitraire, six points liés entre eux par les équations Δ, et, partant, si on déforme le triangle en telle façon que cinq de ces points restent fixes, le sixième ne changera pas de situation. Donc, etc.

Ces corollaires appartiennent à la théorie des alignemens.

Les propriétés des pôles sont liées à celles des lignes harmoniques. *Voyez*, pour l'histoire, la liste des auteurs placée à la fin de ce mémoire.

On doit à *Monge* d'avoir étendu la théorie des pôles aux surfaces du second ordre.

(*Fig.* 5.) « Si (donc) on déforme une coni-
» que assujétie à passer par deux points connus
» (A , B) et à toucher deux droites (TU, TX)
» données de position ; la *corde de contact*
» (UX) changera de situation en pivotant sur un
» point fixe (C). »

XVI.

(*Fig.* 5.) Ce point fixe, placé dans la droite AB, est déterminé par l'une quelconque des équations Δ qui, dans ce cas, sont toutes du second degré, et donnent ainsi deux points C, K liés entre eux par la proportion

$$\frac{EC}{EK}=\frac{FC}{FK},$$

ou

$$\frac{AC}{AK}=\frac{BC}{BK}.$$

XVII.

(*Fig.* 5, 6.) Si on déplace à volonté les deux tangentes en les faisant tourner sur E, F, les équations Δ ne changent pas, et, ainsi, les deux points C, K demeurent invariables ; alors, toutes les coniques qu'on peut décrire sur la corde AB forment deux systèmes distincts ; dans le premier, les cordes de contact oscillent autour du point C ; dans le deuxième, ells oscillent autour du point K.

XVIII.

(*Fig.* 6, 7.) Ayant donc, sur une ligne droite, quatre points quelconques, A, B, E, F, et deux points de construction, C, K déterminés par les formules Δ : quelle que soit la conique qu'on ait décrite sur la corde AB, si des points E, F, on mène deux paires de tangentes qui touchent la courbe en X et V, U et W, les deux cordes de contact UX, VW se croiseront en l'un des deux points C, K, et celles UV, XW se croisent en l'autre. — Les deux paires de tangentes forment un quadrilatère-complet dont les trois diagonales se coupent mutuellement en C, K, *c*. De ces trois points, le dernier seul varie avec la courbe; il se trouve à l'intersection des deux cordes de contact UW, XV *; (XIII, note A.)

---

* En effet; les deux triangles EVX, FUW sont doublement dans l'hypothèse du théorème A, vu qu'en joignant leurs sommets deux à deux, par des droites allant de l'un à l'autre, on a, dans deux ordres différens, les points de concours C, K. Or, de la première de ces constructions, il suit (A) que les deux côtés VX, UW se coupent sur la droite K*c*; de la deuxième, il résulte (A) que ces deux mêmes côtés se croisent sur C*c*. Donc, l'intersection mutuelle de VX et UW est en *c*; ce qu'il fallait démontrer.

XIX.

(*Fig.* 6, 7.) Supposons, maintenant, que les deux paires de tangentes soient données de position, et déformons la courbe assujétie à toucher ces quatre droites quelconques. Les deux points A, B varieront en conservant entre eux la relation XVI, et les six cordes de contact, UX et VW, UV et XW, UW et XV, se déplaceront en pivotant, deux à deux, sur les trois points fixes C, K, *c* déterminés par les intersections mutuelles des trois diagonales du quadrilatère-complet formé par les quatre tangentes; (XVIII).

XX.

(*Fig.* 6, 7.) Mais, par la théorie des *pôles* : « Un quadrilatère quelconque (UXVWU) étant » inscrit dans une conique, si on détermine les » points de concours, et des diagonales, et des » côtés opposés, chacun de ces trois points (C, » K, *c*) sera le pôle de la droite qui joint les » deux autres. »

XXI.

Ainsi, (XIX) : « Dans tout quadrilatère-com- » plet circonscrit à une conique, chacune des » trois diagonales est la *polaire* du point d'inter- » section des deux autres. »

XXII.

(*Fig.* 8.) Si donc les trois diagonales du quadrilatère-complet se croisent mutuellement en C, K, *c*, et que, ayant mené, à volonté, une corde *ux* qui tende vers l'un, C, de ces trois pôles, on tire, des extrémités *u*, *x*, à l'un des deux autres pôles, K, *c*, des droites qui rencontrent la courbe en *v*, *w*, respectivement; les trois points C, *v*, *w*, formeront un seul alignement, et les droites *uw*, *xv* tendront toutes deux au troisième pôle.

Ces raisonnemens s'appuient sur ce que nous avons exposé dans le treizième cahier du Journal de l'École Polytechnique.

XXIII.

(*Fig.* 8.) Ces quatre points *u*, *x*, *v*, *w* déterminent donc six cordes qui tendent, deux à deux, vers l'un des trois points fixes C, K, *c*; et, par la propriété connue des pôles, chacune, *ux*, de ces cordes est divisée harmoniquement par son point fixe C, et par la polaire K*c*. Ainsi, par exemple, les deux droites menées des points *u*, *x* aux extrémités de l'une des deux diagonales qui concourent en C, se couperont sur K*c*; (III, VI.)

Connaissant donc un seul de ces quatre points, u, x, v, w, on déterminera les trois autres par de simples intersections de lignes droites.

Cet énoncé général indique d'autres alignemens; mais nous avons réduit au plus petit nombre possible les lignes de construction afin que la figure ne perdît rien de sa clarté.

XXIV.

(*Fig.* 8, 6.) Si u, par exemple, coïncide avec l'un des points B, où la courbe est rencontrée par l'une des trois diagonales du quadrilatère-complet, le point w coïncidera aussi avec B; et x, v se confondront tous deux avec le deuxième point A où cette diagonale perce la section-conique. Alors les tangentes en B et A se croiseront au point c de l'intersection mutuelle des deux autres diagonales. Ajoutons que cette propriété est une conséquence évidente du théorème XXI.

XXV.

Nous avons vu (XIX) que, si on déforme une conique assujétie à toucher quatre droites quelconques, les six cordes de contact varient toutes en se balançant, deux à deux, sur trois points fixes déterminés par les intersections mutuelles des trois diagonales du quadrilatère-complet formé par les quatre tangentes données. Si donc, par une condition quelconque, une seule de ces six cordes était fixée, toutes le seraient, et les quatre points de contact s'obtiendraient par de simples intersections de lignes droites : tel est le cas où l'on demande d'*inscrire dans un quadrilatère donné une conique telle que la corde de contact de deux côtés déterminés passe par un point connu*. Dans ce problème linéaire, la courbe se construit avec la règle seulement.

XXVI.

(*Fig.* 5.) EHT étant un triangle quelconque auquel on a inscrit une conique quelconque : soient U, X, V les points de contact des côtés respectivement opposés aux angles E, H, T. Le triangle inscrit UXV a, comme on sait, une liaison remarquable avec EHT ; ainsi, par exemple, les trois points de concours des côtés opposés sont dans une même ligne droite, etc. — Ajoutons que, si de l'un, E, des sommets du triangle circonscrit, on mène, à volonté, une droite qui rencontre le côté opposé en F et la courbe en A et B, et qui, de plus, coupe en C et K les deux côtés de l'angle opposé du triangle inscrit, les six points E, F, A, B, C, K auront entre eux les rapports suivans :

D'autant que C résulte de l'intersection mutuelle de AB et UX, on a (XV),

$$\frac{EA\cdot EB}{\overline{EC}^2}=\frac{FA\cdot FB}{\overline{FC}^2},$$

$$\frac{\overline{AC}^2}{AE\cdot AF}=\frac{\overline{BC}^2}{BE\cdot BF};$$

d'autant que K résulte de l'intersection mutuelle de AB et UV, on a (XV),

$$\frac{EA\cdot EB}{\overline{EK}^2}=\frac{FA\cdot FB}{\overline{FK}^2},$$

$$\frac{\overline{AK}^2}{AE\cdot AF}=\frac{\overline{BK}^2}{BE\cdot BF}:$$

donc

$$\frac{EC}{EK}=\frac{FC}{FK},$$

$$\frac{AC}{AK}=\frac{BC}{BK};$$

c'est-à-dire que la droite CK est divisée harmoniquement (IV), et par les deux points E, F, et par les deux points A, B.

XXVII.

(*Fig.* 5.) « Dans un triangle donné EHT, inscrire une conique telle que deux, UV, UX, des trois cordes de contact passent, respectivement, par deux points connus, R, C? »

Supposons que R, C appartiennent, respectivement, aux cordes comprises par les angles H, T. — Ayant mené CE, qui coupe HT en F, j'inscris, à volonté, dans l'angle H, une droite *mn* qui tend vers C; puis, du sommet H au point de croisement de E*m* et F*n*, je tire une droite qui rencontre CE en un point K appartenant à UV; (III, VI, XVI). Alors, la droite KR détermine les points de tangence, U, V, des deux côtés de l'angle H.

Ce problème est un de ceux de la *géométrie de la règle*; il n'a qu'une solution lorsqu'on désigne à l'avance les angles qui doivent comprendre, respectivement, les cordes dont on a deux points; autrement, il y aurait six cas à examiner.

XXVIII.

(*Fig*. 6, 7.) Le théorème XXI va nous conduire à une propriété bien remarquable des lignes du second ordre.

Rappelons-nous les constructions de la figure 6, et supposons que K*c*, par exemple, tende au centre O de la courbe, et la rencontre en *a*, *b*: alors, les tangentes en *a*, *b* sont parallèles l'une à l'autre; et comme, aussi-bien que les cordes UX, VW, elles doivent concourir au point C, intersection des deux autres diagonales EF, IH,

(XXI, XXIV), il résulte que ces six dernières droites sont toutes parallèles entre elles. Désignant donc par P, Q les points où la tangente en a coupe les tangentes EX, FU, et par M, N les intersections respectives de celles-ci avec le diamètre parallèle à UX; il vient

$$\frac{\mathrm{OK}}{\mathrm{O}a}=\frac{\mathrm{ME}}{\mathrm{MP}},$$

$$\frac{\mathrm{O}c}{\mathrm{O}a}=\frac{\mathrm{NI}}{\mathrm{NQ}};$$

mais, par la théorie des pôles, on a

$$\mathrm{OK}\cdot\mathrm{O}c=\overline{\mathrm{O}a}^2:$$

conséquemment

$$\mathrm{ME}\cdot\mathrm{NI}=\mathrm{MP}\cdot\mathrm{NQ}.$$

Ainsi: « Deux droites quelconques (ME, NI) » touchant une conique, si on fait le produit des » deux segmens (ME, NI) interceptés sur ces » tangentes fixes entre le diamètre (MN) parallèle à leur corde de contact et une troisième » tangente variable (EI), ce produit sera constant. »

XXIX.

« Décrire une conique dont on a cinq » points? »

Par les propriétés de la figure 1, on détermine,

à volonté, un sixième point de la courbe en effectuant les constructions indiquées (XI, XII) et faisant usage, ou des équations Δ, ou de celle (γ). Toutes ces formules se prêtent facilement au calcul et fournissent ainsi des solutions très-simples et très-élégantes.

On peut d'ailleurs opérer graphiquement sans employer le compas; tout se réduit à faire, à volonté, un hexagone dont les cinq premiers sommets soient aux cinq points donnés, et dont les côtés opposés concourent sur une même droite; le sixième sommet appartiendra toujours à la courbe demandée; (XIII) *. Et il est bon d'observer que, dans cette construction, trois des points donnés peuvent être inaccessibles. Cette remarque nous servira bientôt à résoudre plusieurs questions relatives aux coniques à branches infinies.

XXX.

(*Fig.* 9.) « Par un point donné, A, faire » passer une conique qui soit circonscrite à un » quadrilatère quelconque, UXYZU, dont on » a la direction et les prolongemens des cô-

---

* Cette méthode est exposée dans l'Algèbre de *Maclaurin.*

» tés, mais dont les sommets sont inaccessi-
» bles *? »

Du point donné, A, menez une droite quelconque qui coupe en C, D deux des côtés opposés du quadrilatère UXYZU, et en E, F les deux autres côtés. Cette transversale arbitraire rencontre la courbe demandée en un deuxième point B qu'on obtient en faisant, à volonté, un quadrilatère auxiliaire, *uxyzu*, dont une des diagonales, *xz*, soit dirigée en A, et dont les quatre côtés tendent, respectivement, vers C, D, E, F, en telle sorte que C, D appartiennent à des côtés opposés l'un à l'autre; la seconde diagonale, *uy*, prolongée à discrétion, coupe la transversale au point cherché B; (VIII, XI).

Quatre droites indéfinies déterminent trois quadrilatères; il faut donc désigner d'avance celui qu'on doit considérer; autrement, ce problème, qui appartient à la géométrie de la règle, aurait trois solutions.

---

* *N. B.* Qu'on n'a, ni les diagonales du quadrilatère, ni les droites qui joindraient les sommets avec le point donné, et que la description d'une seule de ces six lignes inconnues nécessiterait beaucoup plus d'opérations que n'en exige en tout la détermination d'un point quelconque de la courbe.

XXXI.

Le problème XXIX revient évidemment à celui-ci :

« A un pentagone donné, circonscrire une » conique ? »

Déjà nous avons observé qu'en déterminant, à volonté, un sixième point de la courbe, au moyen de l'*hexagone inscrit* (XIII), plusieurs des sommets du pentagone pouvaient être inaccessibles ou situés à l'infini. Ainsi, pour l'hyperbole, on peut d'abord supposer que deux des côtés consécutifs de ce pentagone donné sont parallèles entre eux, et à l'une des asymptotes ; d'où l'on tire un moyen bien simple de *faire passer, par quatre points, une hyperbole telle que l'une de ses asymptotes soit parallèle à une droite connue.*

XXXII.

Concevons que, en outre de cette première hypothèse, deux autres côtés contigus soient parallèles entre eux et à la deuxième asymptote. La propriété de l'hexagone inscrit (XIII) ne cesse pas pour cela d'être applicable, et elle fournit une construction nouvelle de ce problème connu :

« Par trois points donnés, faire passer une hy-
» perbole telle que ses asymptotes soient respec-

» tivement parallèles à deux droites connues? »

Ou autrement,

« Circonscrire une conique à un pentagone » dont deux des sommets non-contigus sont si- » tués à l'infini? »

XXXIII.

Il résulte évidemment de l'article XIII que (*Fig.* 10, 12.) « La tangente menée par l'un » (B) des angles d'un pentagone (BUZYXB) » inscrit dans une conique, rencontre le côté op- » posé (YZ) sur la droite qui joint les deux points » (I, H) où les côtés de cet angle (B) sont cou- » pés, respectivement, par les deux derniers cô- » tés (XY, UZ) non-contigus *. »

Ayant donc à décrire une conique qui soit circonscrite à un pentagone donné, on peut trou-

---

* La méthode suivante, qui est due à l'*Hospital*, se rapporte à celle que nous venons d'indiquer.

Par un point quelconque, B, *d'une ligne du second ordre, mener une tangente à la courbe?*

(*Fig.* 11.) « Ayant conduit, du point B, les deux cordes » quelconques BU, BX. Par leurs extrémités, U, X, tirez- » en deux autres respectivement parallèles aux premières, » et se terminant en ZY. Menez, ensuite, par B, une » parallèle à ZY, et ce sera la tangente demandée. » *Traité analytique des sections-coniques*, n°. 208.)

ver tous les points de la courbe (XXIX), et, de plus, mener des tangentes par chacun de ces points.

XXXIV.

(*Fig.* 12.) Le théorème XXXIII subsiste encore lorsqu'un ou deux sommets non-contigus du pantagone donné sont à l'infini, ce qui complète la solution des problèmes XXXI, XXXII, et sert à déterminer les tangentes et les asymptotes de l'hyperbole demandée.

Appliquons ceci à l'article XXXII où l'on propose de *décrire une hyperbole qui passe par trois points connus*, U, X, Z, *et dont les asymptotes soient respectivement parallèles à deux droites données*, XB, XY. — Soient I, H les points de rencontre de UB et XY, UZ et XB respectivement. La droite IH coupera ZY en un point D, de l'asymptote parallèle à XB. On obtient la deuxième asymptote par une construction analogue, etc.

XXXV.

R, S étant les points respectifs où XY est coupé, et par l'asymptote DB, et par la droite UZ; les parallèles donnent

$$\frac{HS}{ZS}=\frac{XI}{RI},$$

d'où suit le théorème :

« Si, par l'un quelconque X des points du pé- » rimètre d'une hyperbole, on mène deux droites » XB, XY, respectivement parallèles à ses asymp- » totes, et que, par un autre point quelconque » U, pris sur ce périmètre, on mène à volonté » une transversale coupant XB en H, XY en S, » et la courbe en Z; le rapport de HS à ZS sera » constant pour toutes les directions de la trans- » versale. »

Cette propriété de l'hyperbole est exposée d'une autre manière dans les *Annales de Mathématiques*, tome 2, page 266.

XXXVI.

J'ai démontré, autre part, que

« Dans tout hexagone circonscrit à une coni- » que, les diagonales qui joignent les angles op- » posés se croisent toutes trois en un même » point *. »

---

* Treizième cahier du Journal de l'École Polytechnique.

Depuis la publication du mémoire cité, je suis parvenu à une proposition plus générale; elle est consignée dans le quatrième volume des *Annales de Mathématiques*, pages 196 et 379.

XXXVII.

Donc, en vertu du théorème XIII,
« Si tous les côtés de deux triangles quelconques touchent une même conique, les six sommets appartiendront à une deuxième conique. »

XXXVIII.

Et réciproquement,
« Si tous les sommets de deux triangles quelconques appartiennent à une même conique, les six côtés toucheront une deuxième conique. »

XXXIX.

(*Fig.* 2.) « Il n'existe qu'une seule conique qui puisse toucher cinq droites quelconques (*ab*, *ac*, AB, AC, BC) données de position sur un plan. »

En effet : admettons, pour un moment, qu'on puisse tracer deux coniques qui satisfassent à ces conditions. D'un point *b*, pris à volonté sur l'une des cinq droites connues, sur la première, par exemple, je mène aux deux courbes les sixièmes tangentes *bc*, *bc'* qui rencontrent *ac* en *c* et *c'*. Par le théorème XXXVII, les six points *a*, *b*, *c*, A, B, C appartiendront à une même conique, et il en sera de même des six points *a*, *b*, *c'*, A, B, C. Or, ces deux dernières courbes coïncident, puisqu'elles ont cinq points de commun ; et, ainsi, une même conique rencontrerait la droite *ac* en trois points distincts *a*, *c*, *c'* ; chose absurde. Donc, les deux points *c*, *c'* se confondent nécessairement en un seul ; donc, etc.

XL.

(*Fig.* 13.) « Décrire une conique dont on a » cinq tangentes ? »

Soient B, C, D, E, A les intersections respectives de la première et de la deuxième, de la deuxième et de la troisième, de la troisième et de la quatrième, de la quatrième et de la cinquième, enfin de la cinquième et de la première tangentes. En variant arbitrairement l'ordre de ce numéro-age, on formera plusieurs pentagones BCDEAB circonscrits à la courbe demandée, et, pour chacun d'eux, les points de contact se déterminent au moyen de ce théorème.

(Σ) « Dans un pentagone quelconque (BCDEAB) » circonscrit à une conique, deux diagonales (AC, » BE), qui ne partent pas d'un même angle, se » croisent en un point (P) situé sur la droite » qui joint le cinquième angle (D) avec le point » de tangence du côté opposé (AB). » (XXXVI).

Nous avons fait voir (XXXIX) que les coniques inscrites à ces divers pentagones sont toutes coïncidentes et ne forment qu'une seule et même courbe. Ainsi, pour le pentagone BC′DE′AB, qu'on obtient en permutant les numéros 3 et 4, le point de contact de AB se trouvant sur la droite qui joint l'angle opposé D avec le point P′ intersection des deux diagonales AC′, BE′, il s'ensuit que les trois points P, D, P′ sont dans un même alignement.

On aurait donc une nouvelle démonstration de l'article XXXIX si on prouvait *à priori* que ces trois points P, D, P′ sont en ligne droite; or, c'est ce qui résulte immédiatement du théorème XIII, vu que P, D, P′ sont les points de concours des côtés opposés de l'hexagone ACE′BEC′A inscrit dans une conique représentée par le système des deux droites AE, BC. Le même raisonnement a lieu quel que soit l'intervertissement des numéros affectés aux cinq tangentes données.

Pour obtenir directement de nouvelles tangentes de la section-conique; faites, à volonté, un hexagone dont les directions des cinq premiers côtés coïncident respectivement avec les cinq tangentes données, et dont les trois diagonales se croisent en un même point; le sixième côté touchera continuellement la courbe demandée; (XXXVI.)

XLI.

Le problème XL revient donc à celui-ci :

(*Fig.* 14.) « Dans un pentagone donné » (ABCDEA), inscrire une conique? »

Or, à chaque diagonale (CE), répond un angle (D) et un côté (AB) opposés ; et, si d'un point O, pris à volonté sur CE, on mène aux extrémités de AB deux droites qui coupent respectivement en *m* et *n* les deux côtés de l'angle D, la droite *mn* sera tangente à la courbe demandée ; (XXXVI.)

Prenons que O soit à l'intersection des deux diagonales CE, AD ; alors *n* coïncide avec le point *b* où le côté DE touche la section-conique ; (XL, Σ.)

Ainsi, après avoir trouvé toutes les tangentes de la courbe demandée, on déterminera le point de contact de chacune. — Ces constructions appartiennent à la géométrie linéaire.

Newton résoud autrement le problème XL. Il commence par déterminer le centre de la courbe au moyen de la proposition suivante :

« Dans tout quadrilatère circonscrit à une co- » nique, les points-milieux des deux diagonales » appartiennent à un même diamètre. »

Cette propriété se lie, par le principe de la corrélation, à ce théorème connu :

« Les points-milieux des diagonales d'un quadrilatère-complet sont tous trois sur une même » droite. »

XLII.

Dans l'hyperbole, le théorème XXXVI subsiste encore lorsque le système de deux côtés contigus de l'hexagone circonscrit est représenté par l'une des asymptotes. La diagonale qui répond à l'angle de ces deux côtés est alors parallèle à cette asymptote.

On voit, d'après cela, que notre construction (XLI) peut être appliquée à l'hyperbole dont on a, ou cinq tangentes distinctes, ou trois tangentes et une asymptote, ou enfin une tangente et les deux asymptotes. Exemples :

XLIII.

(*Fig.* 15.) « Décrire une hyperbole dont on » a trois tangentes et une asymptote ? »

Les deux premières tangentes coupent l'asymptote en C, A, et la troisième tangente en D, E, respectivement.

D'un point O, pris à volonté sur CE, soit d'abord conduit OA qui rencontre CD en *m* ; puis O*n*, parallèle à l'asymptote AC, coupant DE en *n*. La droite *mn* touchera la courbe demandée. — Faisant varier O, on obtient une infinité de tangentes *mn*.

Si O se trouve à l'intersection de CE et AD, le point *m* se confond avec D, et *n* coïncide avec le point *b* où DE touche l'hyperbole, ce qui fournit un moyen bien simple de déterminer le point de contact de chacune des tangentes données, puis ensuite celui de *mn*.

Ce problème n'a qu'une solution.

XLIV.

(*Fig.* 16.) « Décrire une hyperbole dont on a » les deux asymptotes et une tangente quelcon- » que ? »

Les deux asymptotes se croisent en A et sont coupées en C et D par la tangente.

Ayant fait à volonté un parallélogramme (ACO*n*) dont AC soit un des côtés, et A l'angle, je tire la diagonale AO qui coupe CD en *m*; alors la droite *mn* est une nouvelle tangente de l'hyperbole; (XLIII.)

Lorsque *n* tombe en D, *m* se confond avec le point (*a*) où CD touche la courbe. Ainsi, la portion de tangente comprise entre les deux asymptotes est divisée en deux parties égales par le point de contact.

XLV.

(*Fig.* 17.) « Décrire une conique dont on a » quatre points et une tangente? »

La tangente étant coupée en E, F par deux côtés opposés du quadrilatère dont les sommets sont aux quatre points donnés, U, X, Y, Z; soit T l'intersection de ces deux côtés. On détermine le point de contact (B) de EF au moyen de cette équation du second degré, (XIV),

$$EX \cdot EY \cdot \overline{FB}^2 \cdot TU \cdot TZ = \overline{EB}^2 \cdot FU \cdot FZ \cdot TX \cdot TY,$$

qui donne deux points B, B′ liés entre eux par la proportion

$$\frac{FB}{FB'} = \frac{EB}{EB'};$$

et si l'on désigne par C, D les deux points où la tangente EF rencontre les deux autres côtés du quadrilatère UXYZU, on a cette nouvelle relation, (XI),

$$\overline{FB}^2 \cdot EC \cdot ED = \overline{EB}^2 \cdot FC \cdot FD,$$

laquelle fournit un second moyen de construire les points cherchés B, B′.

Il existe, comme on voit, deux courbes distinctes qui satisfont aux conditions prescrites.

Ces équations se simplifient beaucoup lorsqu'un

ou plusieurs des cinq points C, D, E, F, T sont placés à l'infini. Mais nous supprimons ces détails qui n'ont aucune difficulté.

XLVI.

(*Fig.* 17.) Si on envisage le problème XLV sous cet autre énoncé :

« A un quadrilatère donné UXYZU, circon-
» scrire une conique assujétie à toucher une droite
» connue ? »

On peut, dans l'hyperbole, imaginer, d'abord, que les deux côtés de l'un U des angles sont parallèles entre eux, et à l'une des asymptotes ; alors, il reste

$$EX \cdot EY \cdot \overline{FB}^2 \cdot TZ = \overline{EB}^2 \cdot FZ \cdot TX \cdot TY,$$

pour résoudre la question suivante :

« Par trois points donnés, faire passer une hy-
» perbole assujétie à toucher une droite connue et
» à avoir une de ses asymptotes parallèle à un axe
» fixe ? »

XLVII.

(*Fig.* 17.) Supposons que, en outre de cette première hypothèse, les deux côtés qui comprennent l'angle opposé Y, soient parallèles entre eux et à la deuxième asymptote. On trouve, en réduisant,

$$EX \cdot \overline{FB}^2 \cdot TZ = \overline{EB}^2 \cdot FZ \cdot TX,$$

et cette formule convient au cas où l'on demande de *faire passer par deux points connus, une hyperbole qui touche une droite donnée, et qui ait ses asymptotes respectivement parallèles à deux axes fixes.*

XLVIII.

Revenons sur l'article XLV.

Lorsque la tangente passe par l'un des quatre points donnés, le problème devient linéaire et se résoud par le théorème XXXIII, qui fournit le moyen de déterminer, d'abord, un cinquième point quelconque de la courbe, et, ensuite, la tangente en ce point.

On peut construire plus directement les tangentes qui répondent aux trois autres points donnés. Voici de quelle manière :

XLIX.

(*Fig.* 6.) « Décrire une conique dont on a » quatre points U, X, V, W, et une tangente » passant par l'un U de ces points? »

Les deux couples de côtés opposés, et les deux diagonales du quadrilatère inscrit UXVWU, donnant trois points d'intersection C, K, *c*; et la tangente connue rencontrant le triangle CK*c* en trois points F, H, T; les droites FW, HV, TX touchent la courbe demandée; (XIX).

L.

(*Fig*. 6.) « Décrire une conique dont on a quatre » points, U, X, V, W et une tangente passant » par le point d'intersection *c* des deux diagonales » de l'un des trois quadrilatères construits sur » U, X, V, W comme sommets? »

Soient K, C les points donnés par les deux autres couples diagonales. La droite KC déterminera le point de contact A de la tangente donnée; (XXI).

Ajoutons que la droite qui joint C avec le point de concours de KW et AV, va couper KV en un point qui, avec W, détermine une nouvelle droite, laquelle rencontre CK en un point B, appartenant encore à la courbe. La tangente en B est *c*B.

LI.

(*Fig*. 8.) « Décrire une conique dont on a quatre » tangentes et un point *u*? »

Les quatres tangentes forment un quadrilatère complet dont les trois diagonales se croisent mutuellement en C, K, *c*. De l'un, C, de ces trois points, soit conduit C*u*. Joignons, par une droite, le point *u* avec l'une des extrémités de l'une des deux diagonales qui concourént en C; cette droite coupera K*c* en un point qui, joint avec l'autre extrémité de la diagonale, déterminera une nouvelle droite, laquelle rencontre C*u* en un point *x* de la courbe cherchée; (XXIII). Cela fait, les deux droites K*u*, *cx* donnent, par leur intersection mutuelle, un troisième point *v* de la courbe; et les trois droites K*x*, *cu*, C*v* se croisent toutes en un même point *w* qui appartient encore à la section-conique demandée *; (XXIII). Ainsi, la question est réduite à celle du numéro XLV : elle a donc deux solutions, qui se réduisent à une seule dans les deux cas suivans :

LII.

« Décrire une conique dont on a quatre tan-
» gentes et un point situé sur l'une de ces tan-
» gentes? »

Le théorème (XL, Σ) sert à déterminer une cinquième tangente quelconque, et son point de contact.

On peut, comme à l'article XXV, trouver directement les points de contact des trois autres tangentes données.

LIII.

(*Fig.* 6.) « Décrire une conique dont on a
» quatre tangentes et un point B situé sur l'une

---

* En comparant ceci aux solutions connues (celle de Newton, par exemple), on voit comment la simplicité des résultats tient à la manière d'envisager la question.

» des trois diagonales du quadrilatère-complet for-
» mé par ces quatre tangentes? »

Les trois diagonales se croisant en C, K, *c*, et B se trouvant, par exemple, sur CK, la droite *c*B touchera la section-conique demandée; (XXI, XXIV).

Pour obtenir le deuxième point, A, où CK perce la courbe, joignez, par une droite, le point B avec l'une des extrémités de la diagonale qui contient les points C, *c*; cette droite rencontre K*c* en un point qui, joint avec l'autre extrémité de la diagonale, détermine une nouvelle droite, laquelle coupe KC au point cherché A. Alors, *c*A est une sixième tangente de la section-conique; (XXI, VII).

LIV.

« Décrire une hyperbole qui touche quatre
» droites connues, et qui ait une de ses asymp-
» totes parallèle à une droite donnée de positi-
» tion? »

Si, par le point d'intersection de deux quelconques des trois diagonales du quadrilatère-complet formé par les quatre tangentes, on mène, parallèlement à l'asymptote, une droite terminée à la troisième diagonale; le point-milieu de cette parallèle appartiendra à la courbe cherchée; (LI).

LV.

(*Fig.* 18.) « Décrire une conique dont on a » deux tangentes et trois points A, B, B'? »

Les deux tangentes étant respectivement coupées en E, F par AB, et en E', F' par AB', des points E, F, menons deux paires de tangentes au cercle ABB', et joignons, deux à deux, par des droites, les points de contact qui n'appartiennent pas à une même paire de tangentes; ces quatre droites, par leurs croisemens mutuels, donneront deux points C, K situés sur AB; (XVIII). Opérant de la même manière pour E', F', on obtient, sur AB', deux nouveaux points C', K'. Alors, chacune des quatre droites CC', CK', KC', KK' coupe les deux tangentes données, EE', FF', aux points où celles-ci doivent toucher la section-conique demandée; (XV). Il existe donc quatre courbes distinctes qui satisfont aux conditions prescrites.

Si l'une des deux tangentes passait dans le triangle que forment les trois points donnés, on déterminerait C, K, C', K' à l'aide des constructions indiquées par les formules Δ. *Voyez* les articles XV et XVI.

Les quatre solutions de ce problème général se réduisent à deux dans les deux cas suivans : 1°. Quand l'un, B', des sommets du triangle ABB' tombe sur l'une, FF′, des deux tangentes; alors, les quatre points B′, F′, C′, K′ se confondent en un seul; 2°. Quand l'un, AB, des côtés du triangle ABB′ tend au point de concours des deux tangentes; alors, les deux points C, K se réunissent en un seul qui, avec le point de concours des deux tangentes, divise harmoniquement la corde AB; (XV.)

Enfin, en cumulant ces deux hypothèses, c'est-à-dire, en supposant que les deux tangentes se croisent sur AB, et que l'une d'elles contienne B′, la courbe demandée est unique et peut se décrire par de simples intersections de lignes droites. La construction qui convient à ce cas s'applique également à cet autre problème de la règle :

LVI.

(*Fig.* 19.) « Décrire une conique qui, touchant deux droites dont E est le point de concours, passe par deux points A, B d'une droite menée par E, et, de plus, soit telle que la corde de contact tende vers un point connu R? »

Soit *e* l'intersection de AB et de la corde de contact cherchée UX. Puisque la corde AB est divisée harmoniquement par les deux points E, *e*, (XV), on déterminera *e* par le procédé VII. Alors, tirant la droite R*e*, on a les deux points de contact U, X.

LVII.

(*Fig.* 6.) « Décrire une conique dont on a un » point (X) et deux tangentes dont les points de » contact (U, V) sont donnés ? ».

Faites un quadrilatère dont les trois premiers sommets soient en X, U, V, et dont les côtés opposés se croisent (en C, *c*) sur une droite menée à volonté par le point de concours (H) des deux tangentes ; le quatrième sommet W appartiendra toujours à la courbe demandée ; (XXI).

Soient K l'intersection mutuelle des deux diagonales du quadrilatère XUWVX, et F, E les points où la droite KC, par exemple, coupe HU et HV respectivement. Les droites FW, EX toucheront la section-conique, (XXI). — Ainsi, par cette méthode, on sait déterminer un point quelconque (W) de la courbe, et, aussi, la tangente (FW) en ce point.

On peut d'ailleurs trouver directement, et la tangente en X *, et le deuxième point où HX

* Prenons que la tangente en X coupe UV en X′, et les deux côtés de l'angle H en T et E; les quatre points X, X′, T, E seront distribués harmoniquement; (XV). Ainsi, pour obtenir directement cette tangente, il faut : « Par un point connu X, mener une droite qui coupe

perce la courbe, etc. Toutes ces constructions s'effectuent sans le secours du compas.

Dans l'hyperbole, le point donné X peut être situé, à l'infini, sur une droite parallèle à l'une des asymptotes. Alors, etc.

LVIII.

(*Fig.* 5.) On peut appliquer à la question précédente (LVII) un autre mode de résolution qui permet l'emploi du calcul.

« Décrire une conique dont on a un point A,
» et deux tangentes dont les points de contact
» U, X sont donnés? »

» en X', T, E les trois côtés d'un triangle donné (HUV),
» en telle sorte qu'on ait

$$\frac{XT}{X'E} = \frac{XT}{XE}? »$$

Or, ce problème est un cas particulier du suivant, qui appartient encore à la géométrie de la règle :

« Ayant, sur un plan, une conique, un point D et
» une transversale rectiligne quelconques, mener, par D,
» une droite qui rencontre la courbe en A et B; et la
» transversale fixe en C, avec la condition

$$\frac{AC}{AD} = \frac{BC}{BD}? »$$

Le point C est déterminé par l'intersection de la transversale et de la *polaire* de D. Donc le problème est résolu.

Si, par A, on mène, à volonté, une droite qui coupe les deux tangentes en E et F, et la droite UX en C, le deuxième point, B, où cette transversale arbitraire rencontre la courbe, est donné par l'équation du premier degré (XV),

$$EA \cdot EB \cdot \overline{FC}^2 = FA \cdot FB \cdot \overline{EC}^2.$$

LIX.

(*Fig.* 20.) « Décrire une conique dont on a » trois tangentes et deux points, A, B? »

Les trois tangentes sont respectivement coupées en E, F, E', par la droite AB.

Des points E, F, menons deux paires de tangentes au cercle (de rayon arbitraire) qui passe par A et B; et joignons deux à deux, par des droites, les points de contact qui n'appartiennent pas à une même paire de tangentes. Ces quatre droites donneront, par leurs croisemens mutuels, deux points C, K, situés sur AB; (XVIII). Opérant de la même manière pour E', F, on obtient, sur AB, deux nouveaux points C', K'. — Alors, les deux points C, C', ou C, K', ou K, C', ou enfin K, K', appartiennent aux cordes de contact respectives des deux premières et des deux dernières tangentes données; (XV). — Or, dans chacun de ces quatre cas, la courbe est unique, et on sait la construire; (XXVII). Ainsi, on a quatre sections-coniques distinctes qui satisfont aux conditions prescrites.

Si l'une des trois tangentes passait entre les deux points donnés, on déterminerait C, K, C′, K′ à l'aide des constructions indiquées par les formules Δ; (XV, XVI).

Les quatre solutions de ce problème général se réduisent à deux dans les deux cas suivans : 1°. lorsque l'un des points A, B tombe sur l'une des trois tangentes données; 2°. lorsque la droite AB tend au point de concours de deux quelconques de ces trois tangentes.

Enfin, voici deux cas où la courbe est unique et peut se construire sans le secours du compas :

1°. Quand les deux points A, B sont respectivement sur deux des trois tangentes données. (IIᵉ. volume de la Correspondance sur l'École Polytechnique, article *Géométrie de la Règle*, § IV).—Ce cas est traité fort au long par *Blondel*, dans la *Résolution des quatre principaux problèmes d'architecture*. (Voyez le tome Vᵉ. des Mémoires de l'Académie des Sciences.)

(*Fig.* 21.) 2°. Quand l'un, A, des deux points donnés tombe sur l'un, PQ, des côtés du triangle OPQ formé par les trois tangentes, et que, en outre, la droite AB tend au sommet opposé O; alors, la corde de contact de l'angle O coupe AB et PQ en deux points C, C′ donnés par les deux proportions harmoniques

$$\frac{OA}{OB} = \frac{CA}{CB},$$

$$\frac{AP}{AQ} = \frac{C'P}{C'Q};$$

d'où la construction indiquée par la figure 21, pour déterminer ces deux points C, C′; (III, VI). — C′ B touche la courbe en B.

LX.

Ainsi, nous avons résolu tous les cas de ce problème général :

« Décrire une conique dont on a *n* points et » 5 — *n* tangentes? » (*n* représentant l'une des des six valeurs, 0, 1, 2, 3, 4, 5.)

Récapitulons :

Dans les deux hypothèses	$n=0, 5-n=0$	le problème a	1	solutions.
	$n=1, 5-n=1$		2	
	$n=2, 5-n=2$		4	

LXI.

(*Fig.* 4.) Le théorème XI va nous découvrir de nouvelles propriétés des coniques à branches infinies.

La transversale AB étant quelconque, posons que la courbe soit une hyperbole, et que le quadrilatère inscrit UXYZU ait deux sommets opposés situés, à l'infini, sur des droites respectivement parallèles aux asympotes. Dans cette hypothèse, les trois points I, H, D ne cessent pas d'être en ligne droite (XIII), et les équations Δ subsistent toujours, comme il est aisé de s'en convaincre *à priori* en comparant les triangles semblables. De plus, en mettant la proportion

$$\frac{AC \cdot AD}{AE \cdot AF} = \frac{BC \cdot BD}{BE \cdot BF}$$

sous la forme

$$\frac{AC \cdot BC}{AF \cdot BF} = \frac{AE \cdot BE}{AD \cdot BD},$$

on en conclut que

« Si, d'un point U, pris à volonté sur le périmètre d'une hyperbole, on mène, parallèlement aux asymptotes, deux droites qui aillent couper en C, F une transversale fixe quelconque dont les intersections avec la courbe sont A et B, le rapport de $\frac{AC}{AF}$ à $\frac{BC}{BF}$ sera constant pour toutes les positions de U. »

LXII.

(*Fig.* 1.) Reprenons le cas d'un quadrilatère quelconque UXYZU; (XI). Si la courbe circonscrite a des branches infinies, et que la sécante AB ne la rencontre qu'en un seul point B, il vient, d'après les formules Δ,

$$\frac{BC}{BF}=\frac{BE}{BD},$$

d'où l'on tire les deux théorèmes suivans.

LXIII.

« Soit tracée, à volonté, dans une hyperbole, » une droite parallèle à l'une des asymptotes. Si, » de deux points fixes quelconques de cette courbe, » on mène, à un troisième point variable de son » périmètre, deux droites indéfinies, les deux » segmens interceptés sur la parallèle, entre ces » droites et la courbe, auront entre eux un » rapport constant. »

LXIV.

« Ayant une parabole, soit tracé un diamètre » quelconque. Si, de deux points fixes quelcon- » ques de cette courbe, on mène, à un troisième » point variable de son périmètre, deux droites » indéfinies, les deux segmens interceptés sur le » diamètre, entre ces droites et la courbe, auront » entre eux un rapport constant. »

LXV.

Ainsi donc :

« Pour deux tangentes quelconques de la pa-

» rabole, le segment intercepté, sur un diamè-
» tre quelconque, entre la courbe et la corde de
» contact, est moyen proportionnel entre les
» deux segmens interceptés sur le même diamètre
» entre la courbe et les deux tangentes. »

LXVI.

Pareillement :

« Soient deux tangentes quelconques de l'hy-
» perbole, et soit menée, à volonté, une droite
» indéfinie parallèle à l'une des asymptotes. La
» partie de cette parallèle comprise entre la
» courbe et la corde de contact, sera moyenne
» proportionnelle entre les deux parties de cette
» même parallèle comprises entre la courbe et
» deux tangentes. »

LXVII.

(*Fig.* 1, 22.) Le quadrilatère UXYZU étant quelconque, (XI), et inscrit dans une hyperbole, si on suppose que la transversale AB soit une des asymptotes de la courbe, les formules Δ donnent

$$CE = FD;$$

en sorte que,

« Si, de deux points fixes quelconques d'une
» hyperbole, on mène des droites à un troisième
» point variable de la courbe; la portion d'asymp-
» tote interceptée entre ces deux droites indéfi-
» nies sera une quantité constante. »

Et, si on prend les asymptotes pour axes coordonnés, il est clair que cette quantité constante sera, pour l'axe des x, égale à la différence des abscisses des deux points fixes, et, pour celui des y, égale à la différence des appliquées de ces deux mêmes points fixes.

Il est encore évident que cette quantité constante est égale au segment intercepté, sur la même asymptote, entre le prolongement de la corde qui joint les deux points fixes et la tangente menée par l'un ou par l'autre de ces deux points.

LXVIII.

Ainsi :

« Dans l'hyperbole, la portion d'asymptote in-
» terceptée entre deux tangentes quelconques est
» divisée en deux segmens égaux par la corde de
» contact. »

LXIX.

(*Fig.* 22.) On tire de l'article LXVII une nouvelle solution de ce problème connu :

« Décrire une hyperbole dont on a une asymp-
» tote et trois points X, Y, Z? »

Soit pris, à volonté, sur l'asymptote (qui est coupée en D, E, respectivement, par les lignes YZ, YX), deux points C, F tels qu'on ait

$$CF = DE,$$
$$CE = FD;$$

les deux droites XC, ZF se croiseront en un point U de la courbe demandée.

Pour tracer la tangente en l'un quelconque, Z, des trois points donnés, je tire XZ qui coupe DE en c, et je prends, sur l'asymptote,

$$cf = DE,$$

de telle sorte qu'on ait aussi

$$cE = fD.$$

Le point f, ainsi déterminé, appartient à la tangente cherchée.

Ajoutons que l'un des trois points donnés peut être situé, à l'infini, sur une droite parallèle à la deuxième asymptote.

Dans tous les cas, le problème n'a qu'une solution.

LXX.

(*Fig.* 23.) « Décrire une hyperbole dont on » a une asymptote, un point et deux tan- » gentes ? »

Les tangentes rencontrent en F, J l'asymptote, et en N, G, respectivement, la droite conduite du point donné Y, parallèlement à FJ.

Soit pris, sur cette parallèle, YK (ou YK'), moyenne proportionnelle entre YN et YG, et soit joint K avec le point C milieu de FJ. La droite KC coupera les tangentes données aux points Z, X, où elles doivent toucher l'hyperbole. — En effet, si on tire YZ, YX, qui rencontrent FJ en D, E, respectivement, on a, par notre construction, et par les parallèles,

$$CF = CJ = DE;$$

donc, en vertu de l'article LXVII, etc.

Prenant, sur l'asymptote FJ,

$$EQ = EJ = CD;$$

QY touchera la courbe en Y; (LXVIII).

En opérant sur le point K', comme on vient de le faire sur K, on trouve une deuxième hyperbole.

Enfin, il peut arriver que Y soit placé sur l'une des deux tangentes, sur la deuxième, par exemple; alors, les quatre points Y, G, K, K' se confondent en un seul, et le problème n'a plus qu'une solution.

Le point donné, Y, peut être situé, à l'infini, sur une droite parallèle à la deuxième asymptote.

LXXI.

(*Fig.* 24). « Décrire un hyperbole dont on a » deux points X, Y, une tangente NF, et une » asymptote EF? »

L'asymptote est rencontrée en F par la tangente, et en E par la droite XY.

Ayant conduit, parallèlement à EF, la droite XN qui rencontre en N la tangente donnée ; soit O le point où EF est coupé par YN. Prenez, sur l'asymptote, OD (ou OD′), moyenne proportionnelle entre OE et OF. Le point de contact, Z, de FN, sera déterminé par la droite YD.

En effet, on a, par construction,

$$\frac{OE}{OD} = \frac{OD}{OF};$$

Or, appelant C l'intersection de EF et XZ, les parallèles donnent

$$\frac{OE}{OD} = \frac{FC}{FD},$$

donc

$$FC = DE;$$

donc, par le théorème LXVII, etc.

Prenant, sur l'asymptote EF,

$$CJ = FC = DE,$$
$$EQ = EJ = CD,$$

les droites XXJ, YQ toucheront l'hyperbole en X, Y, respectivement.

Il existe deux hyperboles qui résolvent le problème. La seconde touche FN au point où cette droite est coupée par YD′.

L'un des deux points donnés peut être situé, à l'infini, sur une droite parallèle à la deuxième asymptote.

Enfin, lorsque X, par exemple, appartient à la tangente donnée, le problème n'a qu'une solution.

LXXII.

Toutes les proportions contenues dans ce Mémoire se rattachent au théorème XI, qui est un des plus généraux que l'on puisse établir sur les coniques; et il est bon d'observer que nous avons constamment envisagé ces courbes comme des sections faites par un plan dans un cône oblique à base circulaire, suivant la définition d'*Apollonius*, et que, partout, nous avons évité l'emploi des quantités linéo-angulaires, en sorte que ces fragmens peuvent composer le fond d'un Traité synthétique des lignes du second ordre.

Il resterait beaucoup d'autres conséquences à tirer de l'article XI. Nous nous contenterons, pour le présent, de montrer par quelle voie l'*hexagone inscrit* (XIII) conduit aux propriétés de similitude des coniques douées d'un centre.

LXXIII.

ABCDE, *abcde* étant deux pentagones semblables. De l'un des sommets, E, du premier, menons, à volonté, un nombre quelconque de droites EF, EF′, FF″.......... et, du sommet correspondant, *e*, du deuxième, tirons un même nombre de lignes homologues, ef, ef', ef''........ Déterminons ensuite, par la propriété (XIII) de l'hexagone de Pascal, les points F, F′, F″......, où le premier système de droites arbitraires rencontre la conique circonscrite à ABCDE; puis, les points f, f', f''........., où le deuxième système coupe la conique circonscrite à *abcde*.

Par suite de cette construction, et d'après la théorie des figures rectilignes semblables, les deux polygones inscrits ABCDEFF′F″.........., *abcdef* f' f''......... sont semblables entre eux. Et comme le nombre de leurs côtés est indéfini, et qu'ils tendent à coïncider avec les courbes enveloppantes dont ils peuvent différer d'aussi peu qu'on voudra, il s'ensuit que ces deux courbes, limites de polygones semblables, sont elles-mêmes semblables l'une à l'autre. Donc :

LXXIV.

« Les coniques circonscrites à des pentagones » semblables sont semblables entre elles, et ont, » par conséquent, toutes leurs lignes homolo- » gues proportionnelles. »

On peut déduire, de cette proposition fondamentale, tout ce qui est relatif aux coniques semblables.

LXXV.

Une conique étant circonscrite à un quadrilatère quelconque, de manière à toucher une droite menée arbitrairement par l'un de ses angles. Si cette figure rectiligne, composée de cinq droites, change de grandeur en restant semblable à elle-même, les dimensions linéaires de la conique varieront dans la même proportion, et cette courbe demeurera constamment semblable à elle-même; (XXXIII).

Si le quadrilatère inscrit est un parallélogramme, et que la tangente, menée à l'une des extrémités de la première diagonale, soit parallèle à la deuxième; ces deux diagonales formeront un système de diamètres-conjugués dont le rapport sera constant. Ainsi, par exemple,

« Deux coniques sont semblables quand leurs » axes sont proportionnels. »

C'est sur cette propriété caractéristique que quelques auteurs ont basé la définition des coniques. Cette marche n'est pas naturelle. Il nous a paru plus convenable d'emprunter de la théorie des polygones l'idée de la similitude des courbes.

LXXVI.

Une conique étant circonscrite à un triangle de manière à toucher deux droites menées à volonté de deux de ses angles. Si cette figure rectiligne, composée de cinq droites, change de grandeur en conservant les mêmes angles et la même proportion dans ses élémens, la courbe demeurera constamment semblable à elle-même; (LVII).

LXXVII.

ABCDE est un pentagone quelconque circonscrit à une conique dont les points de contact sont les sommets d'un deuxième pentagone *abcde*. — ABCDE change de dimensions en demeurant semblable à lui-même; et, d'après ce qui a été dit (XL,Σ), *abcde* varie dans la même proportion, et reste semblable à lui-même; donc (LXXIV), il en est de même de la courbe inscrite à ABCDE. Ainsi :

« Les sections coniques inscrites à des penta-
» gones semblables sont semblables entre elles. »

LXXVIII.

Terminons en observant que le théorème XV conduit à quelques propriétés nouvelles des cônes tangens aux surfaces du second degré. Exemple :

« Si on déforme une surface quelconque du
» second ordre assujettie à passer par deux points
» donnés et à toucher tous les élémens d'un cône
» du second ordre, le plan de la courbe de con-
» tact changera de position en pivotant sur un

» point fixe situé dans la droite que déterminent » les deux points donnés. »

LXXIX.

On sait donc résoudre ce problème :

« Décrire une surface du second ordre assu- » jettie à passer par quatre points et à toucher » tous les élémens d'un cône du second degré ? »

Ayant construit trois points du *plan de contact* (LXXVIII), on aura la courbe de contact, et la question sera réduite à celle-ci :

« Par un point connu, faire passer une sur- » face du second degré assujettie à toucher un » cône du second ordre dont la ligne de contact » est donnée ? »

L'histoire de la *géométrie de la règle* est liée à celle des *lignes harmoniques* ; voyez :

DESARGUES, *Traité de la Perspective*, 1636 et 1648, (éd. de *Bosse*). — *Traité des Sections-Coniques*. — Ce géomètre désigne la proportion harmonique sous le nom d'*involution*.

GRÉGOIRE DE SAINT-VINCENT, *Opus Geometricum*, 1647. — Il nomme *moyenne et extrême raison proportionnelle*, ce que nous avons appelé proportion harmonique.

BLONDEL, Mémoires de l'Académie des Sciences, tome 5, page 396 (an 1661).

PASCAL, 1662. — Le troisième traité de son manuscrit sur les coniques portait cette inscription : *De quatuor tangentibus, et rectis puncta latuum jungentibus, undè rectarum harmonicè sectarum et diametrorum proprietates oriuntur.*

DE LA HIRE, *Sectiones-Conicæ*, 1685.

CARNOT, *Theorie des Transversales*, 1801, 1803, 1806.

LAVIT, *Traité de Perspective*, 1804, XIe et XIIe. parties.

SERVOIS, *Solutions peu connues*, 1804

PAPPUS, *Collections Mathématiques*, *livre* 7e. (4e. siècle).

SCHOOTEN, *Exercitationes Geometricæ*, 1656, *livre* 2e.

ROBERT SIMSON, *De Porismatibus*, 1722, (*Transactions Philosophiques* , n°. 377). — *Opera* , *etc.* , *in-4°.*, 1776.

MACLAURIN, *Geometria organica*, 1720. — *Transactions Philosophiques*, *n°.* 439, *année* 1725.

BRAIKENRIDGE, *De Descriptione Curvarum*, 1733. — *Transactions philosophiques*, n°. 436, *année* 1735.

MULLER, 1760 — etc.

LAMBERT, *Perspective*, 2ᵉ. *édition*, 2ᵉ. *partie*; (Zurich, 1774).

FIN.

Pl. 1.

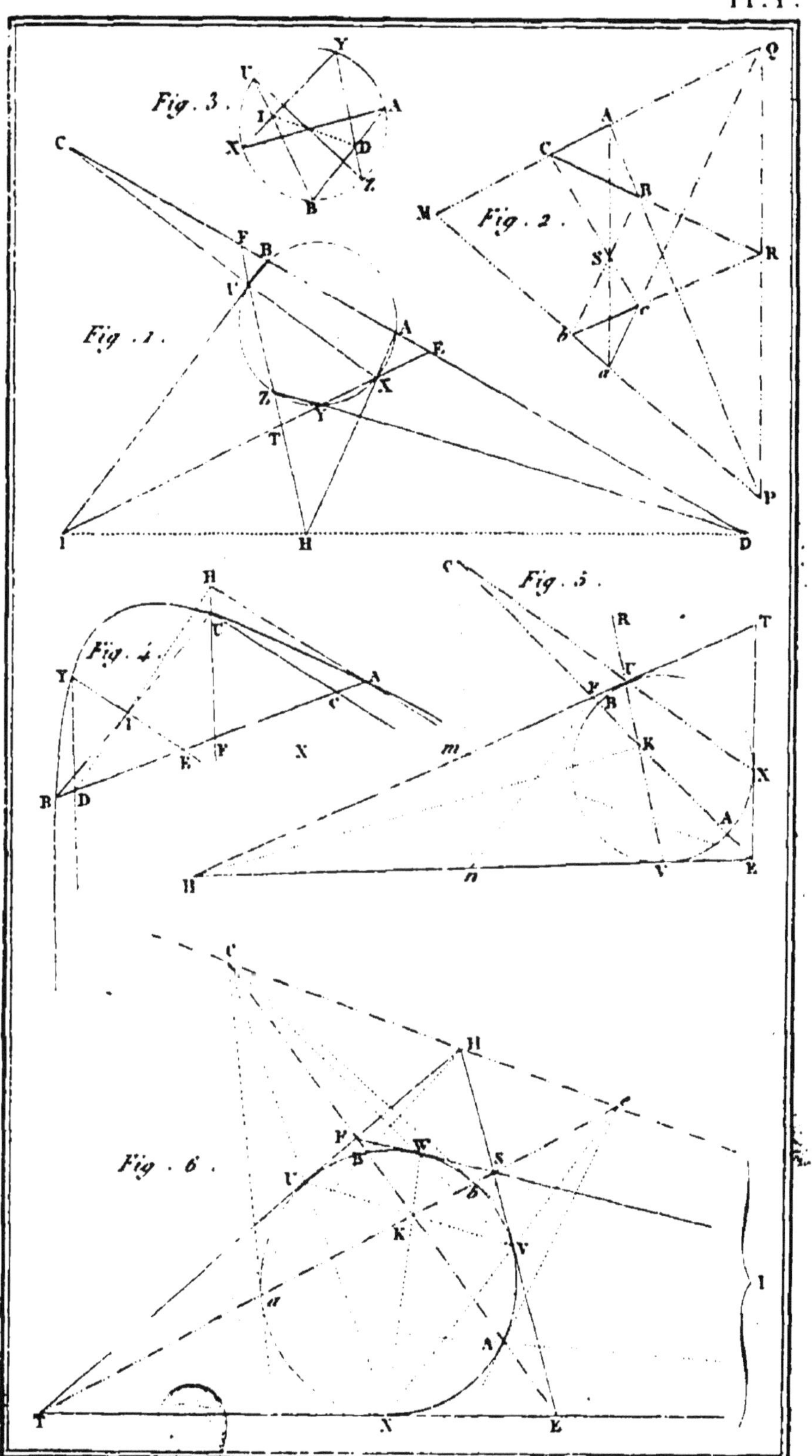

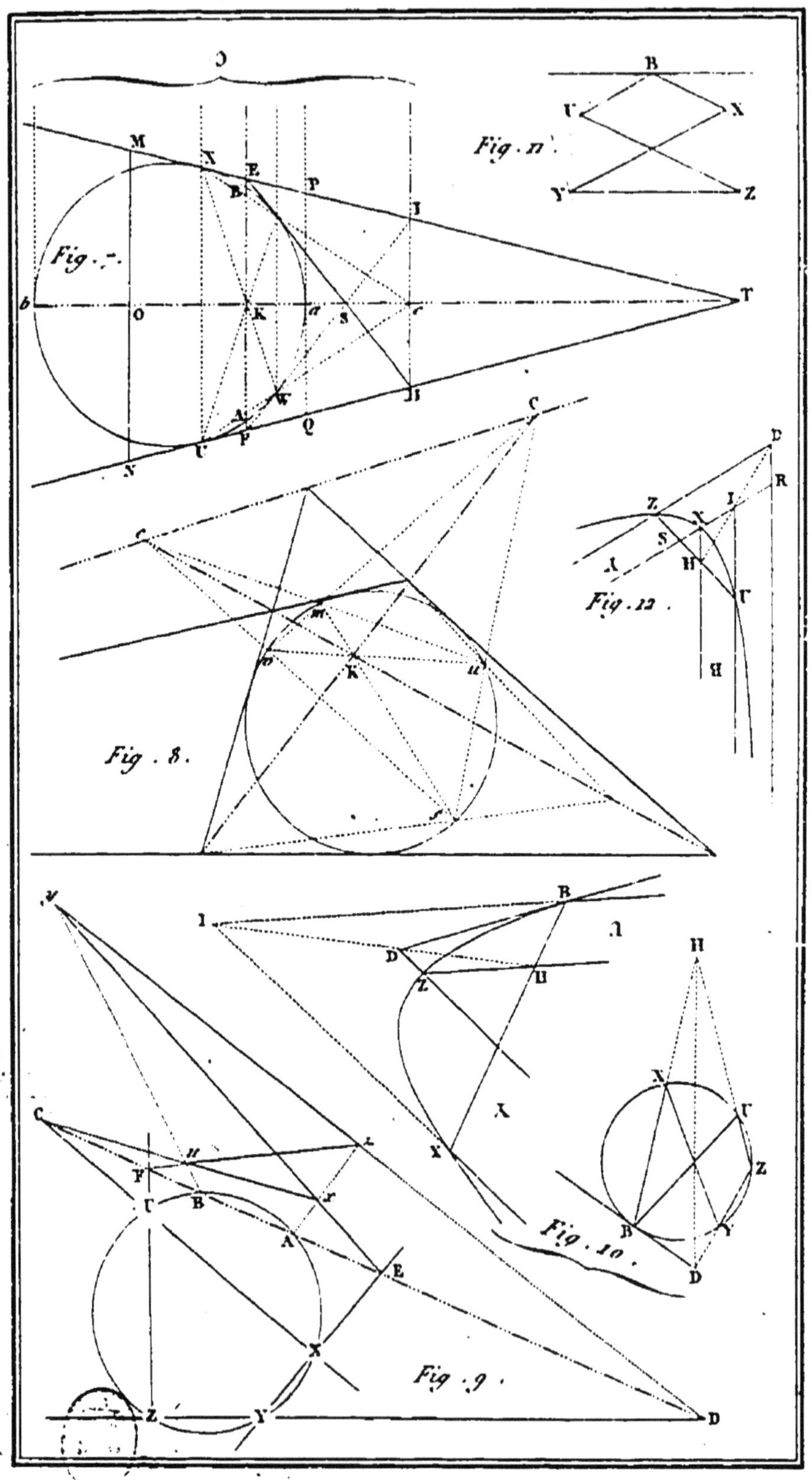
Fig. 7.
Fig. 8.
Fig. 9.
Fig. 10.
Fig. 11.
Fig. 12.

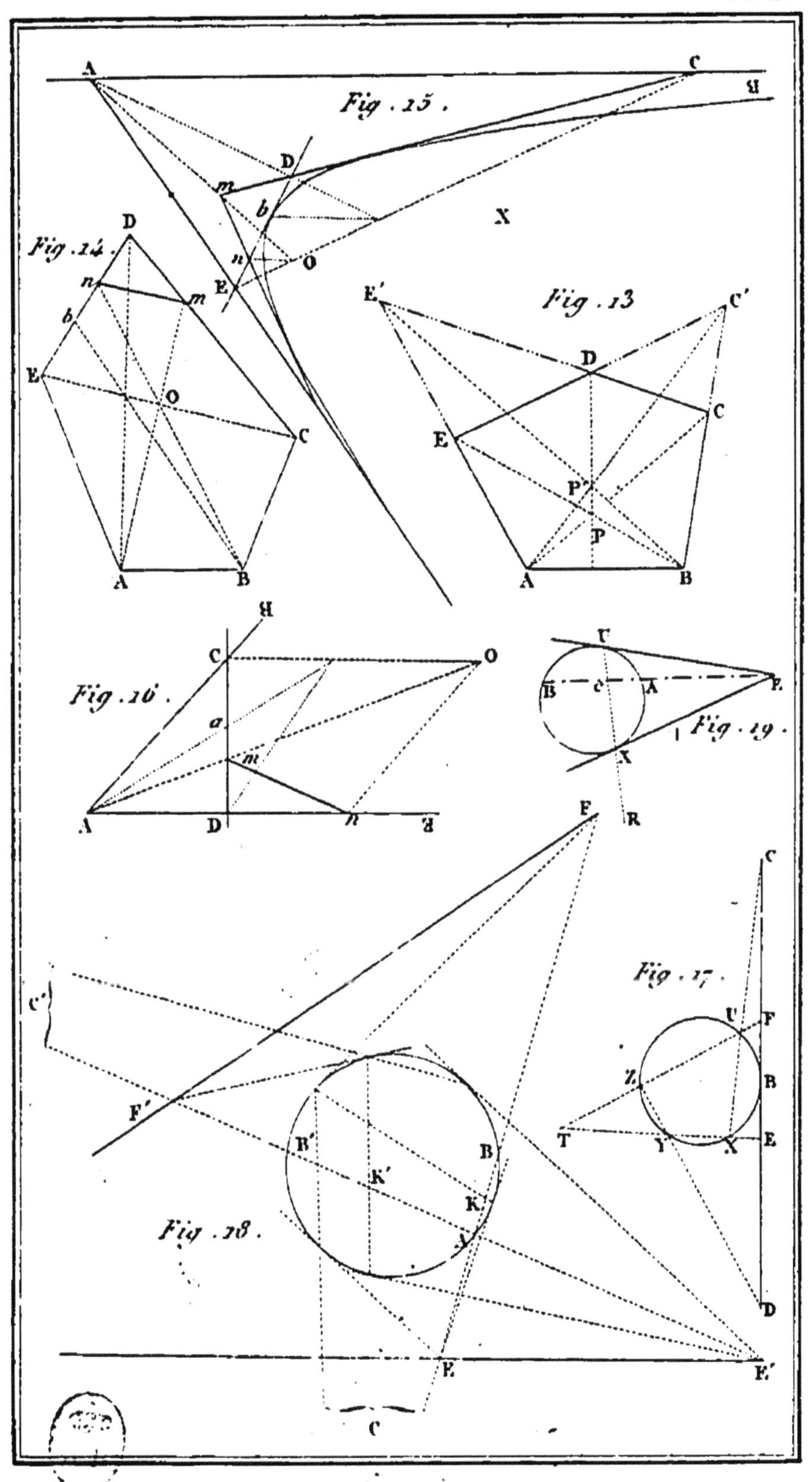
Fig. 15.
Fig. 14.
Fig. 13.
Fig. 16.
Fig. 19.
Fig. 17.
Fig. 18.

Contraste insuffisant

NF Z 43-120-14

www.ingramcontent.com/pod-product-compliance
Ingram Content Group UK Ltd.
Pitfield, Milton Keynes, MK11 3LW, UK
UKHW012102240726
13965UKWH00004B/1474

9 782013 478908